专为爱吃肉的你而备

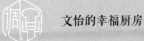

文怡的幸福厨房

肉菜
delicious

文怡 编著

真好吃

菜品摄影 马 俨
流程总编 李红莲

感谢参与本书的工作人员
闫 石 周利娟 郭 月 邵建新

机械工业出版社
CHINA MACHINE PRESS

图书在版编目（CIP）数据

肉菜真好吃 / 文怡编著. — 北京：机械工业
出版社，2019.8
（文怡的幸福厨房）
ISBN 978-7-111-63275-7

Ⅰ.①肉… Ⅱ.①文… Ⅲ.①荤菜-菜谱 Ⅳ.①TS972.125

中国版本图书馆CIP数据核字（2019）第150301号

机械工业出版社（北京市百万庄大街22号　邮政编码100037）
策划编辑：卢志林　责任编辑：卢志林
责任校对：李　杉　封面设计：黄　炜　张诗佳
责任印制：孙　炜
北京利丰雅高长城印刷有限公司印刷

2020年1月第1版第1次印刷
185mm×235mm・8印张・2插页・152千字
标准书号：ISBN 978-7-111-63275-7
定价：49.80元

电话服务　　　　　　　　　　　　网络服务
服务咨询热线：010-88361066　　机　工　官　网：www.cmpbook.com
读者购书热线：010-88379833　　机　工　官　博：weibo.com/cmp1952
　　　　　　　010-68326294　　金　书　网：www.golden-book.com
封底无防伪标均为盗版　　　　机工教育服务网：www.cmpedu.com

从 10 多年前出第一本书开始，每次交完书稿，我都会坐在电脑前，像现在这样，准备写点儿什么，但却很久敲不出第一个字，因为会一路陷入回忆。比如，当初是一个怎样的契机，想出版一本这样的书。我和小伙伴们，在拍、吃、玩中，那些好玩的事儿，也总像电影画面一样在脑子里萦绕着。

每一本书，都像是自己的孩子，一天天琐碎地养育、一步步坚定地陪伴，看着他长大了，要独自面对大家了，做母亲的心情，总是有点儿紧张，又充满期待。

这本书的由来，是一位从博客时代到现在都一路相伴的妹妹（现如今，她也从当年刚毕业的小姑娘变成俩娃的妈了）问我："姐，你出了那么多本美食书，我都买了，可为啥没有一本纯肉菜的呢？"

我仔细一想，还真是。这么多年了，我的菜谱，有家常的、有烘焙的、有西餐的、有煲汤的、有素食的、有烤箱的、有孕妇的、有月子的、有辅食的、有亲子的……基本上各种类型都有，还真是没有纯肉菜的。

所以，就有了这本《肉菜真好吃》，就是这么简单。

那些无肉不欢的朋友，那些正在长身体的孩子，还有平时喜欢在家招待客人，离不开各种肉菜的你，要是吃腻了家常做法，也许这本书里的肉菜，会带给你一点儿小借鉴，进而丰富一下你家的餐桌呢。

虽然，肉肉很好吃，但这本书里的各种肉菜，我还是做了一点儿调整的，尽量不肥腻，也尽量不重油。

这里面，有连厨房新手也能轻松搞定，吃起来很过瘾的"酸汤肥牛"；有改良后不油不腻，好吃到停不下来的"春笋五花肉"；有挑食的朋友也吃不够的"黑椒排骨"；有端上桌就能立马吸引你第一筷子去向的"鲍鱼烧鸡""蒜蓉胡椒虾球"；还有吃完意犹未尽，还得舔舔手指头的"香辣花螺"。你可一定要试试看啊。

这是我的第 28 本书了。一眨眼，我竟然已经在厨房里"战斗"了 10 多年了。原本一个没长性的人，却把一件事坚持了 10 多年，做饭真的是件很好玩的事儿，主要是，它很"划算"！

在厨房里，我们只需要为家人付出一点点时间，一点点心思，就能轻而易举地收获满满一屋子的"家味儿"，这种感觉多超值啊。

因为，那些"立等可取"的幸福感，全藏在了一日三餐里，等待着我们不经意地开启！

目录

* 书里的计量单位换算如下
量取液体时，1 茶匙 =5 毫升，1 汤匙 =15 毫升；
量取固体时，1 茶匙 ≈ 5 克，1 汤匙 ≈ 15 克；
比如，料酒 1 茶匙为 5 毫升，盐 1 茶匙为 5 克。
* 书里烹调用油是一般家庭常用的植物油、色拉
油等，原料、调料中不再列出。

PART I

鸡鸭肉

鲍鱼烧鸡

原料

鲍鱼6只　琵琶腿700克
香葱2根　姜3片
蒜3瓣　　小米椒3根

调料

香叶 2~3 片	蚝油 1 茶匙
生抽 2 汤匙	糖 1/2 茶匙
老抽 2 茶匙	料酒 2 汤匙

★ 超级啰唆

· 鲍鱼表面和两侧一定要仔细清洗，然后加盐搓洗几遍。

· 琵琶腿可以用鸡肉的其他部位代替，比如鸡翅根。

· 小米椒虽然辣，但是炒过后，辣味不是很浓。如果不喜欢，可以不放。

做法

1 鲍鱼去壳，用钢丝球刷掉两侧的黑膜，并将裸露在外面的肉也刷干净，加一些盐，反复清洗几遍（图 1）。

2 在清洗干净的鲍鱼表面切网格纹（图 2）；将琵琶腿剁成 5 厘米大小的块，泡水（图 3）；小米椒切小圈；香葱取部分切成葱花，其余切段；蒜切片。

3 锅中倒入油，加热至油微热后，下入姜片、蒜片、葱段、小米椒、香叶，炒出香味后（图 4），放入琵琶腿，大火炒至表皮微微泛黄，水分已炒出，烹入料酒（图 5），放入鲍鱼、生抽、老抽、糖、蚝油及没过食材的水（图 6、图 7），大火烧开后，转小火，慢炖 40 分钟左右。

4 最后大火收汁，撒葱花即可（图 8）。

做法步骤图

葱油煎鸡

原料
去骨大鸡腿 300 克
香葱 8 根

调料
盐 1/2 茶匙
黑胡椒 1/4 茶匙
料酒 1 茶匙

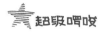超级唠叨

- 只在鸡腿肉的表面里外浅浅地切几刀就行，不要切断，这样既入味也防缩。
- 因为是无油煎鸡肉，所以要用不粘的平底锅。
- 根据鸡腿肉的厚度适度增减煎制时间。喜欢焦脆口感鸡皮的话，鸡皮那面多煎一会儿。

做法步骤图

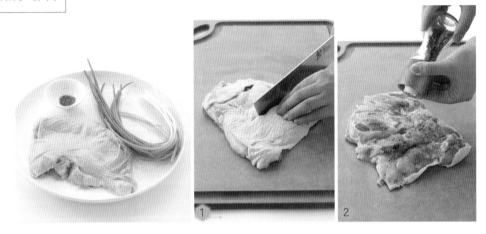

做法

1 去骨鸡腿肉清洗干净后，用厨房纸巾擦干表面水分，并在鸡腿的里外两面浅浅切几刀（图1）。香葱切成葱花。

2 将料酒、盐、黑胡椒均匀地撒在鸡腿上（里外都撒），腌15分钟（图2）。

3 平底锅不用倒入油，直接将鸡皮那一面放入锅中（图3），中火煎6分钟左右（表皮颜色变金黄）后翻面继续煎6分钟左右（图4）。这时用筷子插一下鸡肉，看看里面的肉有没有血色，变白即可。再将鸡腿肉翻面，煎1~2分钟。

4 保留锅中煎出的鸡油，加入葱花（图5），中火煸香后，铺在鸡腿肉上即可（图6）。

黄焖鸡

原料

琵琶腿 3 根
干香菇 3 朵
青椒 1 个
姜 3 片
红葱头 1 个

调料

花椒 20 粒
干辣椒 6 根
盐 1/4 茶匙
生抽 20 毫升
老抽 2 茶匙
糖 1/2 茶匙
料酒 1 茶匙
蚝油 1 茶匙

做法步骤图

做法

1 琵琶腿剁成4厘米大小的块；干辣椒掰成小段；干香菇泡发后切片，泡香菇的水留用；青椒用手掰成小块；红葱头切丝（图1）。

2 锅中倒入少许油，加热至油微热时放入琵琶腿（图2），大火炒至金黄色盛出。

3 洗净锅后，再倒入油，加热至油微热时放入姜片、红葱丝炒香，再放入花椒、干辣椒段，炒至花椒颜色变深时，放入香菇片、琵琶腿（图3），倒入香菇水（图4），再倒入可以没过鸡肉的清水，加生抽、老抽、盐、料酒、糖、蚝油，大火煮开后，转中火盖盖儿炖20分钟直到鸡肉熟透。

4 临出锅5分钟时放入青椒（图5），炒匀即可。

酱鸡爪

原 料
鸡爪 600 克　葱段 30 克
姜 3 片　　　蒜 3 瓣

调料

香叶 2 片	花椒 10 粒	黄豆酱 30 克
大料 1 个	生抽 30 毫升	冰糖 5 克
干辣椒 3 根	老抽 20 毫升	

⭐ 超级唠叨

· 鸡爪上的趾甲一定要剪掉，不要怕麻烦。

· 炒酱时，用最小的火，勤翻动锅铲，以免煳锅。

· 根据自己的喜好灵活掌握鸡爪的炖制时间。喜欢吃软烂、脱骨的炖 50 分钟左右；喜欢吃有嚼劲的，炖 35 分钟左右。

做法

1 鸡爪剪掉趾甲，清洗干净。放入凉水锅中，大火煮开后，煮 5 分钟捞出，沥干水分（图 1）。

2 锅中倒入油，以中小火煸香大料、干辣椒、香叶、花椒，接着放入葱段、姜片、蒜瓣，炒香，转小火，放入黄豆酱，炒香（图 2~图 4）。

3 将焯好的鸡爪放入锅中（图 5），加入生抽、老抽、冰糖，炒匀（图 6），倒入可以没过鸡爪的水（图 7），大火煮开后，转中小火，慢慢炖至鸡爪熟透。

4 最后大火收汁即可（图 8）。

做法步骤图

辣子煎鸡

原料
琵琶腿 500 克
姜 3 片
蒜 3 瓣
青蒜 3 根

调料

料酒 2 茶匙	辣椒粉 3 克	盐 1/4 茶匙
干淀粉 1 茶匙	干辣椒 10 克	糖 1/3 茶匙
生抽 2 茶匙	花椒粉 2 克	香醋 1/2 茶匙

⭐ **超级啰嗦**

· 鸡肉可以根据自己的喜好留皮或者去皮。

· 这道菜比较辣，辣椒粉、干辣椒酌情添加。

· 青蒜撒入锅中后就关火，用铲子翻匀，利用锅的余温就可以使青蒜成熟。

做法

1 鸡腿洗净，用刀在鸡骨处旋转一周切掉肉筋，顺着骨头切开肉，将骨肉分离，用刀的根部切断骨头与肉的连接部分（图 1~ 图 3）。将去骨的鸡肉切成 3 厘米大小的块。青蒜洗净，切掉根部，斜切。蒜切片。

2 鸡肉放入容器中，加料酒、生抽、盐、干淀粉、油 1 汤匙，抓匀，腌 15 分钟（图 4）。

3 不粘锅中倒入油，加热至油热后，放入腌好的鸡肉，煎至两面金黄色时盛出（图 5）。

4 利用锅中剩余的油，炒香蒜片、姜片，出香味后，将干辣椒掰成小段，放入锅中（图 6），炒香，再放入鸡肉，加糖、辣椒粉、花椒粉、香醋，最后撒青蒜即可（图 7）。

做法步骤图

玫瑰豉油鸡腿

原 料
大鸡腿 2 只
姜 2 片
蒜 2 瓣
香葱 1 根

调 料
生抽 60 毫升
老抽 20 毫升
片糖 35 克
玫瑰露酒 60 毫升

- 片糖在一般的大型市场里都有，如果没有就用红糖代替。玫瑰露酒买传统老牌子的，味道更好一点。
- 煮的过程中要不停地舀汤汁淋在鸡腿上，所以，最好用深一点的锅。
- 鸡皮很容易在温度过高的情况下开裂，所以全程不要盖盖子。
- 斩鸡腿时可以试试这个方法：将刀的跟部（后刀尖）切在鸡腿上，另一只手敲刀背，这样比较容易切。

做法步骤图

做法

1 鸡腿放入凉水锅中，煮出沫子后，捞出（图1）。香葱切段；蒜切蒜片。

2 锅中倒入油，加热至油微热时放入姜片、蒜片、香葱段（图2），炒香，加入玫瑰露酒、生抽、老抽、片糖，注入大约可以没过鸡腿 1/2 处的水。

3 大火煮滚后，转小火，放入鸡腿（图3），不盖盖子以中小火煮，中间不停地翻面，使两面上色、入味。煮20 分钟左右，期间不停地往鸡腿上淋汤汁（图4），直到上色至深咖啡色。关火，焖 10 分钟左右，中途也要翻面（图5）。

4 取出煮好的鸡腿，用刀的跟部将鸡腿斩成均匀的块儿，淋上酱汁即可。

糯米酿翅中

「扫一扫，跟文怡学做菜」

原料

鸡翅中 6 个
熟糯米饭 85 克
虾干 10 克
鲜香菇 2 朵
香葱 1 根

调料

生抽 1 茶匙
料酒 2 茶匙
盐 1/4 茶匙

超级啰嗦

- 鸡翅中要选宽大一点的，这样去骨后也有比较合适的空间酿入糯米饭。
- 翅中脱骨时要小心些，不要把鸡肉弄破。
- 将糯米饭酿入鸡翅时，不要塞得太满，略微鼓起来一点就可以了。炸的时候，里面的材料还要膨胀，填得太满，会撑破鸡翅。

做法步骤图

做法

1 鸡翅中洗净，选择略宽的一头，用刀转圈切断肉筋，再用刀尖顺着骨头一点点将肉骨分离，然后用手将肉推至根部，顺势将肉翻过来，用刀的跟部切断骨头（图1~图3）。要留一部分骨头，不然鸡翅会出现漏洞，再填糯米馅会漏出来。

2 将虾干加料酒（调料中的分量以外），泡至微微发软时捞出，切碎；香菇洗净，去蒂切小粒；香葱切葱花。

3 去骨的鸡翅中加料酒、生抽（1/2茶匙），腌15分钟（图4）。

4 锅中倒入少许油，加热至油热后放入葱花，炒香，接着放入虾干碎、香菇丁、糯米饭，倒入生抽（1/2茶匙）、盐炒匀（图5），盛出。

5 把炒好的糯米饭用勺子塞到腌好的鸡翅中，用牙签封好口（图6、图7）。

6 锅中倒入足量的油，当放入一个鸡翅不会沉底，有油花翻滚，证明油温可以了。根据锅的大小，合理地放入鸡翅，炸至金黄色，捞出，控干油（图8）。

7 可以根据自己的喜好蘸调料吃。

泡椒鸡肫

原料

鸡肫 500 克
泡椒 35 克
蒜 4 瓣
姜 3 片
红辣椒 1 个

调料

生抽 2 茶匙
老抽 1/2 茶匙
盐 1/4 茶匙
糖 1/2 茶匙
料酒 1 茶匙
白胡椒粉 1/4 茶匙
水淀粉 1 汤匙

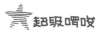超级嘚啵

・鸡肫有点腥味，要彻底清洗，提前腌渍去腥味。

・鸡肫尽量切薄片，否则不易炒熟。

・一定要旺火爆炒，才能保持鸡肫的爽脆口感。

・如果担心火力的问题，也可以将鸡肫提前焯至8分熟，再炒。

做法步骤图

做法

1 鸡肫清洗干净，去除黄色的表皮和肥油，放水里泡一会儿，捞出，切薄片，加盐、料酒、生抽1茶匙、白胡椒粉腌15分钟左右（图1）。

2 泡椒切碎，红辣椒切碎，蒜切末，姜切末。

3 锅中倒入油，加热至油微热时放入姜末、蒜末、红辣椒碎、泡椒碎，以中小火炒出泡椒的香味（图2），然后放入鸡肫（图3），转大火，加入剩余的生抽、老抽、糖（图4），快速翻炒3分钟左右。

4 最后淋入水淀粉（图5），炒匀即可。

西汁鸡片

原料

大鸡胸 500 克
白洋葱 60 克
青椒 60 克
鸡蛋 1 个

调料

盐 1/4 茶匙
白胡椒粉 1/2 茶匙
料酒 1 茶匙
生抽 1 汤匙
喼汁 1 汤匙
番茄酱 30 克
糖 1/2 茶匙

超级啰唆

· 喼（jiē）汁是一种起源于英国的调味料，酸甜微辣。
· 粤菜中一般把用喼汁和番茄酱调成的酱汁称为西汁，这个酱汁的口感是酸中带点儿甜。
· 将鸡肉斜着片，易成熟。
· 腌鸡肉时最好用手充分按摩、抓匀，这样鸡肉易入味，口感好。
· 鸡肉一定要煎全熟，最后只是调味，加热时间会很短。

做法步骤图

做法

1　鸡胸清洗干净后去掉筋膜、多余的肥油，斜着片成大片（图1）。洋葱、青椒切成同等大小的块儿，备用。

2　将片好的鸡片放入容器中，加入盐、料酒、蛋液、白胡椒粉（图2），充分抓匀，腌15分钟。

3　平底锅中倒入油，将腌好的鸡片一片片放入锅中，中火煎至两面完全变金黄（图3），熟透，盛出。

4　锅中加入一点油，油热后放入洋葱块（图4），炒1分钟后再放入青椒块、煎好的鸡片（图5），加入喼汁、番茄酱、生抽、糖、一点点清水，大火炒匀即可。

香锅鸡

原料

琵琶腿 500 克
青椒 80 克
黄椒 80 克
鲜香菇 3 朵
藕 150 克
姜 3 片
葱白 1 小段
泡椒 25 克

调料

生抽 1 茶匙
料酒 1 茶匙
盐 1/4 茶匙
糖 1/4 茶匙
火锅底料 30 克
干辣椒 5 根

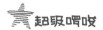

· 建议使用鸡大腿、琵琶腿，肉质都比较嫩。

· 泡椒可以将小米椒和野山椒混合使用，味道更好。

· 火锅底料选牛油的比较好吃。

· 如果担心用油量过多，可以把食材都过水，煮至7分熟，再少加油炒制。

做法步骤图

做法

1 香菇洗净，切一口大小的块；藕去皮，切滚刀块；葱白切小圈；琵琶腿去骨，切成3厘米大小的块；泡椒切碎；青椒、黄椒去籽，切一口大小的块，备用。

2 鸡块加姜片、葱白（总量的一半）、生抽、盐、料酒，腌20分钟（图1）。

3 锅中放入油，加热至油微热时，放入香菇、鸡块（图2），中大火炒至5成熟，盛出，将锅洗净，擦干。

4 锅中再倒入油，加热至油热后放入葱白爆香，再放入鸡肉，大火炒至水分蒸发，表面金黄（图3），盛出。

5 锅中留一点油，炒香泡椒碎、干辣椒（图4），然后放入火锅底料（图5），小火炒香，放入炒好的鸡肉、香菇、藕块、青椒、黄椒、糖（图6~图8），炒匀，倒入水（约食材总量的1/4），烧开，盖盖子，焖5分钟左右，收汁即可。

酱焖鸡

原料
琵琶腿 600 克
红椒、黄椒各 100 克
蒜 10 克
红葱头 20 克
姜 10 克

调料

黄豆酱 50 克　甜面酱 20 克　料酒 1 茶匙
海鲜酱 40 克　花生酱 10 克　盐 1/2 茶匙

⭐ **超级唠叨**

· 琵琶腿可以让卖家切好，这样比较方便。也可
　以换成鸡翅中、鸡翅根等。

· 红葱头，又叫干葱、小葱头，比紫皮洋葱小很多，
　菜市场里有售，别买错了。

· 炒酱的油要稍微多一点，这样比较香，也容易炒。

· 花生酱根据自己的喜好适当增减。

做法

1　琵琶腿剁成 4 厘米左右大小的块；红椒、黄椒切小块；蒜切成末；
　姜切成末；小葱头切碎。鸡腿清洗干净后，加入盐、料酒，腌 20
　分钟（图 1）。

2　锅中加少许油加热至油热，下入腌好的鸡腿，煎成金黄色（图 2），
　盛出。

3　另一只锅中倒入略多的油，加热至油微热时放入蒜末、葱末、姜末，
　炒香，分别放入黄豆酱、海鲜酱、甜面酱，小火炒香（图 3、图 4），
　不停翻炒约 2 分钟，加入煎好的鸡块，再放入花生酱炒匀（图 5），
　加入没过鸡肉的水（图 6），大火煮开后，转中火，煮 20 分钟左
　右（图 7）。

4　最后放入红椒、黄椒（图 8），收汁，炒匀即可。

做法步骤图

糖醋鸭胸

原料
鸭胸 2 块
姜 3 片
葱白 1 段
丁香 8 个
桂皮 1 小段
香叶 3 片
大料 2 颗

调料
糖 20 克
醋 40 毫升
生抽 30 毫升
老抽 5 毫升

· 这道菜用的鸭胸是做西餐用的切好的鸭胸，做好后切片比较规则，一般在市场和超市都能买到。
· 鸭肉一般有腥臊气味，所以煮鸭肉的时候一定要用到去味的香料。烹调的时候，尽量用比较重口的做法。
· 带皮鸭肉在煎的时候会出很多油，所以煎的时候只放少许底油就可以了。煎鸭肉时，先煎带皮的一面，当肉定好形后，再翻面煎。
· 糖和醋的比例可以根据自己的口味调整。

做法步骤图

做法

1 鸭胸清洗干净后放入盛满凉水的锅中，加丁香、桂皮、香叶、大料、姜片、葱段（图1），大火煮开，撇掉浮沫，转中小火煮至用筷子可以轻松插透肉质最厚的那部分，捞出，沥干水分。

2 平底锅中倒入少许油，将沥干水分的鸭胸放入煎锅中，先煎鸭皮那一面，再煎另一面，煎至两面略微呈金黄色（图2）。

3 将糖、生抽、老抽、醋倒入煎好鸭胸的锅里（图3），加入没过鸭胸的水，大火煮开，煮至汤汁浓稠时关火。

4 将鸭胸切片，淋上汤汁即可。

PART II

牛羊肉

delicious

白萝卜牛尾汤

原料
牛尾 1000 克
白萝卜 600 克
白洋葱 1 个　蒜 1 头
姜 1 小块　香菜 3 根

⭐ 超级唠叨

· 牛尾买来后多浸泡，勤换水，以便去掉血水。
· 建议最好用密封性好的铸铁锅或陶锅煮牛尾。
· 牛尾的味道比较重，所以用了大量的蒜和洋葱去味。
· 不建议直接往煮好的牛尾汤里放盐，最好将汤盛到小碗里，再根据个人的口味适量添加盐。

调料

盐适量
料酒 1 汤匙

做法

1 将牛尾在清水中浸泡 4 小时，中途换 3 次水（图 1）。洋葱去皮，横切成两半；蒜去皮；姜切片；白萝卜去皮，切滚刀块。

2 将牛尾放入凉水锅中，倒入料酒，大火煮 5~6 分钟，撇去浮沫（图 2），捞出备用。

3 将焯好的牛尾放入盛着开水的锅中（水量要没过牛尾），加入洋葱、蒜瓣、姜片（图 3），大火煮开后，转小火煮 2 小时，至肉软烂。

4 再放入萝卜块煮 30 分钟左右（图 4）。

5 最后撒盐、香菜即可。

做法步骤图

酱烧牛仔骨

原料
牛仔骨 600 克
胡萝卜 60 克
洋葱 60 克
香芹 50 克
姜 3 片

调料

海鲜酱 15 克   番茄酱 10 克
甜面酱 10 克   黄酱 20 克   冰糖 6 克

★ 超级唠叨

· 牛仔骨就是带筋骨的牛小排，肉比较嫩。问问店家，
  应该容易买到。
· 要将牛仔骨的血水去除干净，否则容易有异味。
· 炒酱的时候一定要用小火炒，不然很容易煳。
· 可以多留一点汤汁用来拌米饭，特别香。

做法

1　将牛仔骨浸泡在水中 30 分钟左右去血水（图 1）；胡萝卜、洋
　　葱切滚刀块；香芹切段。

2　将去好血水的牛仔骨擦干水分，放入平底锅中，加入一点油，煎
　　至两面金黄盛出（图 2）。

3　锅中倒入油，加热至油热时放入姜片，小火煸香后，放入黄酱、
　　甜面酱、海鲜酱、番茄酱（图 3），慢慢炒出酱香味，加入煎好
　　的牛仔骨，倒入没过牛仔骨半指的水（图 4），放入冰糖（图 5），
　　大火煮开后，转小火煮 30~40 分钟。

4　在临出锅前 15 分钟加入胡萝卜块（图 6），临出锅前 8 分钟加入
　　洋葱、香芹（图 7、图 8），煮熟即可。

做法步骤图

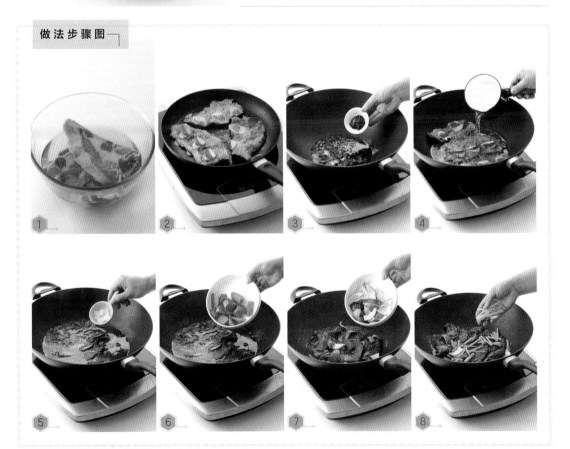

浇汁燕麦牛柳

原 料
牛里脊 450 克
燕麦片 200 克
梨半个（榨汁取 50 克）
洋葱 20 克
蒜瓣 20 克
芹菜 20 克
鸡蛋 1 个

调 料
生抽 1 茶匙
黑胡椒粉 1/4 茶匙
冰糖 30 克
黑胡椒汁 60 克
干淀粉适量
水淀粉 15 毫升

超级啰嗦

- 将牛里脊放入冰箱冷冻室稍微冻硬，就比较容易切片了。
- 燕麦片可以换成芝麻、果仁碎等。
- 牛肉下入油锅后，先不要搅动，否则麦片容易脱落。
- 也可以直接将浇汁煮至浓稠再淋在牛肉上。

做法步骤图

做法

1 牛里脊洗净，去掉白色筋膜，切成约3毫米厚的片，用刀背稍微剁一下，使其肉质变松散，加入梨汁、生抽、黑胡椒粉、打散的蛋液、干淀粉（干淀粉分次加入，加到可以包裹住牛肉，不出汤即可），抓匀（图1），腌20分钟。洋葱、芹菜分别切成粗丝和小段；蒜切成蒜片。

2 煮浇汁：锅里放入200毫升水、冰糖、黑胡椒汁、蒜片、洋葱、芹菜，大火煮开后，转中小火煮5分钟（图2），至冰糖完全溶化，滤掉杂物，只留汤汁。

3 将牛里脊一片一片地蘸满燕麦片，稍微用手指按压，使燕麦片更牢固地附着在牛肉上（图3）。锅里倒入油，加热至油5成热时，将蘸满燕麦片的牛肉片分次放入锅中，炸至表面微微金黄，捞出。

4 开大火，将油烧至七成热，倒入炸了一遍的牛肉片，炸至表面焦黄，盛出（图4）。

5 将炸好的麦片牛肉放在厨房纸巾上，吸掉多余油分。稍微晾凉。

6 将浇汁煮开，沿锅边淋一点点水淀粉，倒入麦片牛肉，均匀裹上浇汁即可（图5）。

嫩牛肉炒豇豆

原料

牛里脊 250 克
豇豆 200 克
蒜 3 瓣
红椒 50 克

调料

生抽 1 茶匙
盐 1/2 茶匙
黑胡椒碎 1/4 茶匙
料酒 1 茶匙
糖 1/4 茶匙
水淀粉 2 茶匙
香醋 1/2 茶匙

- 牛里脊最好去超市买已经分割好的形状规整的，这样好切。一般买标注"黄瓜条"的就可以。
- 牛肉放入冷冻室里冻至微微硬的时候更好切薄片。切的时候一定要逆着纹路切。
- 牛肉浸泡在油中，炒出来口感会更嫩。牛肉炒后会出现白沫，所以要盛出，重新洗锅。
- 红椒选择不辣的品种，一般个头大一点的红椒都不怎么辣。
- 倒入豇豆中的水千万不要多，豇豆已经炒到 6 分熟了，稍微加一点水焖一下，让豇豆更入味。

做法步骤图

① ② ③ ④ ⑤

做法

1 牛里脊逆着纹路切薄片；豇豆洗净，切成 3 厘米长的段；红椒洗净，去籽，去白色筋膜，切成小指粗细、3 厘米长的段；蒜切片（图1）。

2 将切好的牛肉片放入容器中，依次倒入料酒、生抽、盐（1/4 茶匙）、糖，黑胡椒碎、水淀粉，用手抓匀，最后倒入可以没过牛肉的油（图2），腌15分钟左右。

3 锅烧热，将牛肉连同浸泡的油一同倒入锅中，以大火快速将牛肉炒白、炒熟（图3），盛出。

4 锅洗净后，倒入油，加热至油微热后放入蒜片，小火炒香，倒入豇豆（图4），加剩余的盐（1/4 茶匙），大火炒至豇豆被油浸润，倒入少许水（大约是豇豆一半的量），开中火，盖盖儿焖熟。

5 豇豆熟了以后，将炒好的牛肉重新倒回锅中，放红椒段（图5），倒入香醋，炒匀即可。

蔬菜烧牛腩

原料

牛腩 600 克
紫皮洋葱 150 克
胡萝卜 150 克
蒜 3 瓣
姜 2 片
大葱白 2 段

调料

郫县豆瓣酱 20 克
生抽 1 汤匙
老抽 1 茶匙
醋 1 茶匙
糖 1/4 茶匙

- 牛腩要提前焯一下，去血沫，否则煮制时汤里会掺杂血沫，影响肉的味道。
- 如果对牛肉的气味比较敏感，可以再加些香叶、大料之类的香辛料。
- 加醋可以让牛肉更快速地软烂。由于不同的锅具保温效果不同，煮牛肉的时间也仅供参考，牛肉煮到软烂，适合自己平时的口感就好。
- 虽然加入了郫县豆瓣酱，但是不会很辣，只是提味而已。

做法步骤图

①　②　③

④　⑤　⑥　⑦　⑧

做法

1　牛腩清洗干净后切成6厘米左右见方的大块，放入凉水锅中，煮出血沫（图1），捞出备用。胡萝卜去皮，切滚刀块；洋葱切滚刀块。

2　锅中倒入热水，放入姜片、葱白段、焯好的牛腩，大火煮开后，加入醋，转小火，煮2小时（图2）。

3　锅中倒入适量的油，加热至油微热时，放入一半的洋葱、蒜炒出香气后（图3），放入胡萝卜块、煮软烂的牛腩（图4、图5），翻炒几下，放入郫县豆瓣酱、生抽、老抽、糖，炒匀（图6），加入一些煮牛腩的汤（大约占食材的1/3，图7），烧10分钟左右。

4　最后放入剩余的洋葱（图8），再烧4分钟，收干汤汁即可。

酸汤肥牛

原 料

肥牛 250 克
金针菇 100 克
小米椒 4 根
杭椒 1 根
四川酸菜 30 克
泡椒（野山椒）20 克
蒜 2 瓣
姜 2 片

调 料

盐 1/2 茶匙
白胡椒粉 1 茶匙
米醋 1 汤匙
泡椒汤汁 1 汤匙

· 焯肥牛时，不要煮过，略带肉粉色就要捞出，否则，肉质就变老了。
· 泡椒汤汁千万不要扔，倒进汤里增加风味。
· 如果有高汤的话，可以用高汤代替水。
· 可以煮些米线、米粉之类的放到汤里，也非常好吃。

做法步骤图

做法

1 金针菇切掉根部，放入沸水中焯烫2分钟，捞出（图1）。姜、蒜切末；酸菜切丝；小米椒、杭椒切小圈；泡椒切碎备用。

2 再次烧开焯金针菇的水，放入肥牛（图2），不要搅拌，当肥牛表面变色时用笊篱马上捞出，并冲干净表面，沥干水分。

3 锅中倒入适量油，加热至油微热时，放入姜末、蒜末（图3），炒香；接着放入泡椒碎、酸菜丝（图4、图5），炒香；倒入约600毫升水，加入盐、白胡椒粉、泡椒汤汁（图6），大火煮开。

4 锅中放入金针菇、肥牛、杭椒圈、小米椒圈、米醋，关火即可（图7、图8）。

香菇炖牛筋

做法步骤图

原料

牛筋 400 克	姜 3 片	大葱 3 段
蒜 4 瓣	干香菇 5 朵	胡萝卜 150 克
土豆 250 克	香菜 2 根	香葱 1 根

调料

大料 2 个	桂皮 1 小段	香叶 2 片
黄酱 25 克	甜面酱 15 克	番茄酱 10 克
冰糖 3 粒	料酒 10 毫升	

做法

1 干香菇用水泡发（图1）。牛筋冷水下锅，加料酒煮开，撇掉浮沫，继续煮5分钟后捞出（图2），切成4厘米见方的块。胡萝卜去皮，切滚刀块；土豆去皮，切滚刀块；香菜洗净，切小段；香葱洗净，切段。

2 锅中倒入油，加热至油微热时放入大料、桂皮、香叶、葱段、姜片、蒜瓣炒香（图3）。

3 开小火，放入黄酱、甜面酱、番茄酱（图4），炒香后放入牛筋块（图5），加入泡香菇的水、开水（图6），水量要没过牛筋，并多出半指节的高度，大火煮开后加香菇（图7），转小火，慢慢炖。

4 炖1小时后放入冰糖（图8），再炖40分钟后放入土豆块、胡萝卜块（图9）。

5 加盖儿继续炖20分钟（图10），大火收汁，加入香葱段、香菜段（图11），出锅。

肉圆沙拉

原 料
牛肉末 150 克
水萝卜 3 个
叶生菜 3 片
柠檬 1/4 个

调 料
黑胡椒碎 1/3 茶匙
花椒 3 克
蜂蜜 10 克
带籽芥末酱 15 克
生抽 1 茶匙
盐 1/2 茶匙

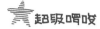**超级唠叨**

· 带籽芥末酱在大型西餐调料市场、进口品超市或者网上都能买到。
· 花椒水能有效去除牛肉的异味，除了牛肉，还可以做其他的丸子。
· 手沾一点水后，能更容易团成肉圆。
· 配菜可以选择自己喜欢的各种生食蔬菜。
· 丸子可以一次多做一些，冻起来，下次吃的时候化冻、煎熟就行。

做法步骤图

① ② ③ ④ ⑤

做法

1 花椒加热水，泡至水变凉后滤掉花椒粒，留花椒水（图1）。水萝卜切圆片；叶生菜在盐水中浸泡后，甩干水分，撕成小朵。

2 牛肉末中倒入花椒水（1汤匙）、盐（1/4茶匙）、黑胡椒碎（图2），朝一个方向搅拌上劲儿后，放入冰箱中冷藏20分钟。

3 手沾一点水，用勺子辅助，把肉馅整成小肉圆（图3）。

4 平底锅中放入油，放入肉圆煎熟（图4），盛出。

5 芥末酱、蜂蜜、盐、生抽调匀，柠檬挤汁（图5），调成沙拉汁。肉圆、生菜、水萝卜装盘，淋上沙拉汁即可。

辣焖羊腩

「扫一扫,
跟文怡学做菜」

⭐ 超级唠叨

· 做羊肉时放些山柰可以去腥膻增香。

· 芋头比土豆口感更软面,喜欢土豆的也可以替换成土豆。

· 洋葱容易熟,不要过早放入。

· 可以多留一些汤汁,拌米饭或者再涮些菜都很不错哦。

原料

羊腩 700 克	紫皮洋葱 130 克	干辣椒 5 克	蒜 3 瓣
胡萝卜 1 根	小芋头 200 克	姜 3 片	香菜 2 根

调料

大料 2 个	山柰 5 克	生抽 4 茶匙	料酒 2 茶匙
桂皮 1 小段	草果 1 个	老抽 2 茶匙	
香叶 2 片	郫县豆瓣酱 25 克	糖 1 茶匙	

做法步骤图

做法

1　羊腩清洗干净，切成 5 厘米见方的块；胡萝卜、芋头去皮切滚刀块；洋葱切块；蒜切片；香菜切小段（图1）。

2　羊腩凉水下锅，煮 3 分钟左右，捞出清洗干净（图2）。

3　锅中倒入适量油，加热至油微热时放入大料、桂皮、香叶、草果、山柰、干辣椒炒香（图3），改中小火，放入郫县豆瓣酱炒出红油，放入姜片、蒜片，接着放入羊腩（图4），加入生抽、老抽、料酒、糖，炒匀后，加入热水（约1000毫升，图5），大火煮开后，转中小火煮 70 分钟（图6）。

4　当汤汁剩余 1/3 时，放入胡萝卜、芋头（图7），继续煮 15 分钟左右，再放入洋葱（图8），煮 5 分钟。

5　大火煮至剩余一点儿汤汁时放入香菜即可（图9）。

香辣羊里脊

原料

羊里脊 500 克
小米椒 5 根
香菜 60 克
蒜 4 瓣
姜 2 片

调料

姜汁 1 茶匙
生抽 2 茶匙
老抽 1 茶匙
糖 1/4 茶匙
盐 1/4 茶匙
白胡椒粉 1/4 茶匙
香醋 1 茶匙
料酒 1 茶匙
水淀粉 1 汤匙

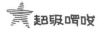**超级啰唆**

· 鲜羊肉不容易切薄片，稍微冻一下，就比较好切了。
· 羊肉提前腌渍入味，是为了可以快速炒熟出锅。
· 羊肉一定要大火，快炒。
· 醋易挥发，出锅前烹入。

做法步骤图

做法

1 羊里脊清洗干净，放入冰箱冷冻约1小时，摸起来肉外面变硬，里面稍软的程度取出。将羊里脊逆着纹理切薄片；香菜去根，洗净，切小段；小米椒切小圈；蒜切片；姜切末（图1）。

2 羊肉加姜汁、料酒、盐、生抽1茶匙、老抽1/2茶匙、糖、白胡椒粉、水淀粉、油20毫升，抓匀，腌20分钟（图2）。

3 锅中倒入油，加热至油微热时，放入蒜片、辣椒圈炒香（图3），放入姜末、腌好的羊肉、剩余的生抽、老抽（图4），开大火，爆炒至羊肉没有血色时，放入香菜段（图5）。

4 出锅前倒入香醋，出锅。

PART III

猪肉

delicious

豉香猪耳

★ 超级唠叨

·买处理干净的猪耳朵，买回来后清洗干净就可以了。自己在家处理猪耳朵比较麻烦，而且也没有合手的工具，所以，最好直接去市场里买处理好的。
·第一次焯猪耳朵时不要盖盖子，避免腥气煮不出来。
·猪耳朵煮的时间不要太久，以免不好切，口感也不会那么爽脆。
·配菜可以根据自己的喜好随意增减。
·最好使用香醋，不会很酸，又有香气。

原 料

猪耳朵 2 个	香芹 30 克	青、红尖椒各 30 克
姜 2 片	蒜 2 瓣	白洋葱 50 克

调料（卤猪耳用）

大料 2 个	草果 1 个	桂皮 1 段
香叶 3 片	葱 3 根	姜 4 片
干辣椒 3 根	料酒 25 毫升	生抽 60 毫升
老抽 10 毫升	糖 2 茶匙	

调料（炒猪耳用）

干豆豉 25 克	郫县豆瓣酱 20 克	生抽 2 茶匙
老抽 1 茶匙	香醋 1 茶匙	糖 1/4 茶匙

做法步骤图

做法

1 将猪耳朵处理干净，仔细清洗，放入水中，煮5分钟（图1），捞出，洗净。

2 重新烧一锅水，放入猪耳朵及卤猪耳朵的调料（图2），大火烧开后，转小火煮40分钟左右（用筷子插最厚的部位，可以插透就煮好了），盖盖儿浸泡20分钟左右（图3）。

3 捞出猪耳朵，晾凉，斜刀切片（图4）；姜切丝；蒜切片；芹菜切小段；洋葱切丝；青、红尖椒去籽切丝。

4 锅中倒入适量油，加热至油微热时放入姜丝、蒜片（图5），炒香后，倒入干豆豉（图6）、小火煸香，然后放入豆瓣酱（图7），炒出红油后，下入猪耳朵炒匀（图8），放入芹菜段，青、红尖椒丝，洋葱丝（图9），加入生抽、老抽、糖（图10），炒1分钟。

5 最后淋入香醋，炒匀即可。

春笋五花肉

原料

五花肉 400 克

春笋 2 根

香葱 4 根

调料

生抽 2 汤匙   糖 2 茶匙

老抽 1 汤匙   料酒 1 茶匙

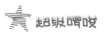

超级嘚啵

· 五花肉要去皮，否则短时间肉煮不烂。

· 春笋先纵向切一刀，就很容易剥去外壳了。

· 春笋在做之前最好用热水焯烫一下，既能
　去除草酸，也能去除笋的涩味。

做法

1 五花肉去皮，切成 0.3 厘米左右的厚度（图 1）；春笋纵向剖开，
　一分为二，去掉外壳，切滚刀块；香葱部分切葱花，其余切段。

2 烧一锅水，水开后放入笋块，煮 1 分钟，捞出，沥干水分（图 2）。

3 锅中放入油，加热至油微热时放入切好的五花肉片，中火煸炒，
　直到肉表面微焦（图 3）。

4 放入葱段（图 4），煸香后，加入笋、生抽、老抽、料酒、糖（图
　5、图 6）、即将没过食材的水（图 7），大火烧开后，转小火，
　煮 20 分钟，收干汤汁（图 8），装盘，撒葱花即可。

做法步骤图

葱烧大排

原料
大排 2 块
香葱 8 根

调料
生抽 2 茶匙
老抽 2 茶匙
糖 1 汤匙
料酒 2 茶匙
黑胡椒粉 1/4 茶匙
姜汁 1 茶匙
盐 1/4 茶匙
干淀粉适量

· 大排是脊骨和大里脊连着的部位。要注意的是，大排是现切割的，不要切得太厚，1.5 厘米左右厚即可。
· 在肉的一端切一个小刀口，目的是防止煎的时候大排受热缩小。
· 大排两面沾好干淀粉后，抖掉多余的粉，只留薄薄一层即可。
· 香葱根据自己的喜好适当增减数量。
· 喜欢用汤汁拌饭的话，就多留一点汤汁。

做法步骤图

做法

1 用刀背将大排两面敲松，在肉的一端切一个小刀口（图1、图2）。处理好的大排放入清水中浸泡去血水（图3）。取一根香葱切成葱花。

2 捞出大排，放入容器中，加盐、姜汁、料酒、黑胡椒粉、油（15毫升），充分抓匀后，腌15分钟（图4）。在大排两面拍上干淀粉。

3 平底锅倒入稍微多一点儿的油，加热至油微热时，放入两面都拍了干淀粉的大排，以中火煎至两面变色（图5），盛出。

4 另取一只锅，放入少许油，加热至油微热后，放入剩余的整根香葱（图6），煸出香气，放入煎好的大排，加入生抽、老抽、糖、即将没过大排的水（图7），大火烧开后，继续保持大火烧7~8分钟，最后剩少许汤汁，撒上葱花即可（图8）。

韩式炖排骨

「扫一扫，跟文怡学做菜」

原料

排骨 700 克
洋葱 100 克
梨 30 克
蒜 1 头
姜 3 片
葱 4 小段

调料

韩式辣椒酱 60 克
黄酱 20 克
生抽 1 汤匙
老抽 1 汤匙
糖 1 茶匙
番茄沙司 20 克
熟白芝麻 10 克

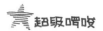 超级唠叨

- 由于排骨没有焯水去血沫，所以要浸泡久一点，勤换水。
- 腌排骨的时间不要太短，否则不易入味。
- 这道菜虽然放了辣椒酱，但几乎吃不出辣味，不能吃辣的也可以尝试。
- 洋葱不要放得太早，避免煮烂。

做法步骤图

做法

1 排骨剁成5厘米长的段，浸泡在水中40分钟左右，中途换几次水（图1）。洋葱取50克切碎，剩余的切小片；梨切小丁；蒜一半切末，一半切片；姜一半切末，一半切片。

2 将泡好水的排骨沥干水分，加洋葱碎、梨丁、蒜末、姜末、辣椒酱、黄酱，拌匀，腌2小时左右（图2）。

3 锅中放入少许油，放入葱段、姜片、蒜片（图3），炒香后，放入腌好的排骨（所有腌料一同放入，图4）炒匀，加入水（可以没过排骨的水量，图5），加入生抽、老抽、糖、番茄沙司（图6），大火煮开后，撇掉浮沫，转中小火炖1小时。

4 临出锅前10分钟放入洋葱片（图7），转大火收汁。

5 收好汁后，关火，撒入熟白芝麻即可（图8）。

黑椒排骨

原料

带软骨小排 500 克

白皮洋葱半个

蒜 4 瓣

绿辣椒（不辣）3 根

调料

生抽 20 毫升

料酒 20 毫升

糖 1/2 茶匙

蚝油 1 茶匙

老抽 1 茶匙

盐 1/2 茶匙

黑胡椒碎 8 克

干淀粉适量

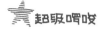
· 排骨买带有软骨的小排，不要买那种一大扇的，菜市场里卖肉的摊主都知道。这部分小排很嫩，容易熟。
· 排骨多换几次清水，把血水去干净，也是避免腥味的一种办法。
· 黑胡椒可以用现磨黑胡椒，也可以用粗粒黑胡椒碎，但不要用黑胡椒粉。
· 煮排骨时不要加太多水，排骨经过炸制已经有六七成熟了，水放太多，肉就不香了。

做法步骤图

做法

1 排骨切成约2.5厘米长的段，冲洗干净后浸泡在清水中去血水（中途可以多换几次水，让血去得更干净）。

2 排骨沥干水分，加入生抽（5毫升）、料酒腌15分钟左右（图1）。洋葱去皮，切火柴棍粗细的丝；蒜切片；绿辣椒切圈。

3 把腌好的排骨，每一面都蘸一层薄薄的干淀粉（图2），然后放入干净无水的盘子中。

4 锅中倒入足够多的油，大火烧热，放入一小块排骨，可以马上浮起并产生泡泡时证明油温可以了。

5 一块一块地下入裹了干淀粉的排骨，不时地用筷子搅拌一下，避免排骨之间粘连。等所有的排骨炸成微微金黄色时捞出控油（图3）。

6 取另一只炒锅，倒入一点儿油，加热至油温热后，放入蒜片、洋葱丝、黑胡椒碎炒香（图4），加入排骨，倒入生抽（15毫升）、老抽、蚝油、糖、盐、水（大约到排骨一半的位置），盖盖儿以中火煮至排骨成熟。

7 若还有汤汁，就大火收汁，撒绿辣椒圈（图5），炒匀即可。

辣白菜脊骨土豆汤

「扫一扫，
跟文怡学做菜」

原 料

猪脊骨 700 克
土豆 400 克
发酵辣白菜 200 克
金针菇 100 克
蒿子杆 80 克
紫苏叶 30 克
大葱段 30 克
蒜 3 瓣
姜 3 片

调 料

韩式大酱 2 汤匙
韩式辣酱 1 汤匙
苏子粉 1.5 茶匙

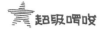 **超级啰嗦**

· 这道菜可以放在电磁炉或者卡式炉上，边煮边吃，很适合冬天哦。
· 苏子粉，简单说就是紫苏的种子磨成的粉，常用于韩式料理，能给菜肴增香，网上就能买到，如果买不到也可以不放，但紫苏叶不要省略。
· 辣白菜最好买那种微酸、发酵好的，味道会更好。

做法步骤图

— **做法** —

1 将脊骨在水中浸泡约1小时（图1），捞出放入冷水锅中，大火烧开后煮5分钟，捞出（图2），沥干水分。
   土豆去皮，切成略大一点儿的滚刀块；金针菇切掉根部，分小朵；蒿子杆去掉根部，清洗干净；紫苏叶切粗条；辣白菜切条。

2 将焯好水的脊骨同大葱段、姜片、蒜瓣一同放入锅中，倒入可以没过食材的水，加1汤匙韩式大酱（图3），大火煮开后，转小火，煮1小时。

3 煮好后，滤去杂质，只留汤和脊骨。放入土豆块、韩式辣酱、韩式大酱（1汤匙），煮10分钟后（图4），放入辣白菜条再煮10分钟（图5）。

4 接着放入苏子粉、金针菇、蒿子杆（图6、图7），煮2分钟。

5 最后放入紫苏叶即可（图8）。

椒盐炸排条

原料
猪里脊 400 克
鸡蛋 2 个
香葱 5 根

调料

盐 1/4 茶匙　　　　　　干淀粉适量

椒盐 1 茶匙　　　　　　面粉适量

料酒 1 茶匙

超级唠叨

· 里脊肉切成约拇指厚度即可。

· 干淀粉不要一次加足，要一点点地加，加到黏稠的糊状就好了。

· 想要口感更酥脆，最后复炸一次，这样味道更好。

· 除了椒盐，还可以按自己的口味加孜然粉或辣椒面。

做法

1　将猪里脊洗净后切成厚片，用刀背拍松，切成食指粗细的条（图1）。香葱切小段。

2　将料酒、盐放入肉条中拌匀，静置20分钟（图2）。

3　肉条中加入鸡蛋（图3），慢慢加入干淀粉，搅拌成黏稠的糊状即可。

4　将排条逐根均匀地裹上面粉（图4），一根根地放入油锅中（油温大概是丢一小块面糊可以马上浮起来的温度），炸成金黄色，捞出（图5）。

5　等油温升高后，再次把排条放入油锅中，炸成颜色更深一点的焦黄色，盛出，沥干油。

6　锅中倒入少许油，炒香葱段（图6），放入排条（图7），撒椒盐（图8），炒匀即可。

做法步骤图

栗子烧猪尾

原料
猪尾 600 克
栗子 200 克
香葱 2 根
姜 3 片
蒜 4 瓣

调料

生抽 2 汤匙	老抽 1/2 汤匙
冰糖 20 克	料酒 3 汤匙
丁香 3 粒	花椒 20 粒
香叶 2 片	大料 1 个

超级唠叨

· 请店家将猪尾刮干净猪毛，并剁成段。

· 丁香会很好地去掉猪尾的异味，但是不能多放。

· 栗子可以用山药、芋头等代替。

做法

1 将剁好的猪尾放入凉水中，水开后，加入料酒（1 汤匙）煮 5 分钟，捞出（图 1），冲洗干净，沥干水分。

2 锅中倒入适量的油，加热至油微热时放入香叶、丁香、花椒、大料、葱段、姜片、蒜瓣、炒香（图 2）。接着放入焯好的猪尾（图 3），倒入生抽、老抽、料酒、冰糖（图 4），倒入可以没过猪尾的水（图 5），大火煮开后，转小火，煮 1 小时左右。

3 放入栗子（图 6），盖盖子（图 7），煮 20 分钟，至栗子变熟。

4 最后大火收汤汁即可（图 8）。

做法步骤图

青椒猪肝

原料

猪肝 400 克
青椒 1 个
香葱 3 根
姜 3 片
蒜 3 瓣

调料

盐 1/4 茶匙
糖 1/4 茶匙
豆瓣酱 20 克
料酒 1 茶匙
干淀粉 5 克
香醋 1 茶匙

· 猪肝不好切，先冻一下再切，就容易操作了。

· 清洗猪肝要彻底，多洗几次，把里面的血水洗出，就可以去掉很多异味了。

· 腌猪肝的时候会出水，炒之前一定要滤干水分，如果最后炒好的猪肝还是有点汤汁，就加少许的水淀粉，炒匀。

· 炒豆瓣酱的时候，要小火把它炒香，不要留有生酱味。

做法步骤图

做法

1 将猪肝清洗干净后放入冰箱冷冻室冻至可以切得动的状态，将猪肝切薄片（尽可能薄），放入流水中反复冲洗至将猪肝里的血水彻底洗出（图1）。

2 蒜切末；香葱切小段；姜切细丝；青椒去籽、去蒂、去白色筋膜，用手掰成小块。

3 将切好的猪肝片放入容器中，加入料酒、盐、干淀粉、部分蒜末、部分姜丝，加入油（约1汤匙），抓匀，腌15分钟（图2）。

4 腌好的猪肝会出一些水，把猪肝放入滤网中过滤掉水分，保持猪肝的干爽（图3）。

5 锅中倒入油，加热至油热后，改大火，放入猪肝，快速炒至变色、变熟（图4），盛出。

6 将锅清洗干净后，再倒入少许油，加热至油热后，放入剩余的蒜末、姜丝，用小火炒香，继续小火炒豆瓣酱，接着放入炒好的猪肝、葱段、青椒（图5），放入糖、香醋，炒匀即可。

生炒排骨

原料
排骨 300 克
青、黄彩椒各 60 克
蒜 3 瓣
鸡蛋 1 个

调料

料酒 1 汤匙	生抽 2 茶匙
白胡椒粉 1/4 茶匙	白醋 1 汤匙
干淀粉适量	糖 1/2 茶匙
番茄酱 30 克	盐 1/4 茶匙
番茄沙司 30 克	水淀粉 10 毫升

超级唠叨

· 排骨要买肉质嫩一些的小排，并且要剁成小块。

· 排骨最好边裹粉边炸，不要一次都裹好粉，这样粉由于吸水容易脱落。

· 排骨要炸两次，这样在炖制后可以依然保留炸的口感哦。

做法

1 排骨洗净，剁成一口大小的块，加入料酒、白胡椒粉腌 20 分钟（图 1）。蒜切片；青、黄彩椒去籽，切小块。

2 腌好的排骨先蘸蛋液，再裹干淀粉（图 2）。一块一块地放入七成热的油锅中，炸至金黄（图 3）。

3 锅中倒入一点油，加热至油微热时，放入蒜片（图 4）炒香，再放入彩椒块（图 5），接着放入番茄酱、番茄沙司、生抽、白醋、糖、盐（图 6），小火炒匀后，加入炸好的排骨（图 7）。

4 锅中倒入可以没过排骨 1/3 的水，大火煮开后，以中小火炖 10 分钟左右。淋入水淀粉（图 8），大火收汁即可。

做法步骤图

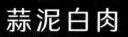

蒜泥白肉

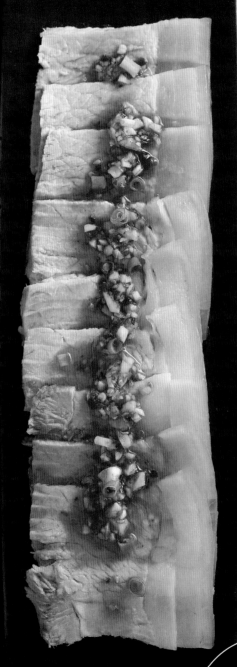

原料
猪后腿肉 400 克
香葱 2 根　　葱白 2 段
蒜 6 瓣　　姜 3 片
白芝麻适量

调料

生抽 2 汤匙　　糖 1/2 茶匙　　盐 1/3 茶匙

粗辣椒粉 8 克　　干辣椒 4 根　　香叶 2 片

大料 1 个

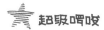 **超级啰唆**

· 猪后腿肉肥瘦相间，比较适合做这道菜。

· 辣椒粉最好用粗的，可以看见辣椒籽的那种。
  最好用菜籽油做红油，味道会更香。

· 做红油时，分两次倒入热油，目的是增香增色。

· 猪肉彻底放凉，会比较容易切薄片。

做法

1 猪肉洗净后同葱白段、姜片、香叶、大料一同放入冷水锅中（图1），大火煮开，撇掉浮沫（图2），转小火，盖盖子煮 30 分钟左右（图3），取出晾凉，切薄片（图4）。干辣椒切碎；香葱切成葱花。

2 锅中倒入一点点油，放入干辣椒碎，用小火炒香后盛出（图5）。

3 把炒好的干辣椒同辣椒粉、白芝麻一起放入一个容器中，分两次，浇热油（一共约 50 毫升，第一次油温略高，微微冒烟状态，第二次油温要稍低一些），调匀成红油（图6）。

4 蒜剁成蒜泥，加入生抽、红油（2 汤匙）、糖、盐、煮肉汤（约 20 毫升）调匀，做成料汁（图7）。

5 最后把切好的肉片码好，淋入料汁，撒上葱花即可。

做法步骤图

小炒五花肉

原 料

五花肉 400 克
姜 4 片
蒜 2 瓣
青蒜 4 根
洋葱半个
尖椒 60 克

调 料

油豆豉 20 克
普通豆豉 10 克
料酒 1 茶匙
糖 1/4 茶匙
白胡椒粉 1/4 茶匙
生抽 1 茶匙
老抽 1/2 茶匙

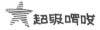

· 五花肉要去皮，不要切得太薄。
· 油豆豉用老干妈辣豆豉里面的就可以。
· 放香芹也很提味。

做法步骤图

做法

1 五花肉去皮，切成 0.3 厘米厚的片（图 1）；蒜切片；青蒜斜切成段；洋葱切小块；尖椒去籽，切小块。

2 锅中倒入油，加热至油微热时，放入肉片，以中小火慢慢煸炒至出油、肉片变得微焦（图 2），盛出。倒掉
  多余的油，留底油，放入姜片、蒜片，炒香后，放入豆豉、油豆豉（图 3），以小火炒香。

3 放入洋葱，炒至洋葱变得略微透明，倒入尖椒、青蒜白、肉片、料酒、生抽、老抽、白胡椒粉、糖（图 4），
  炒匀。

4 最后撒青蒜叶（图 5），翻炒均匀即可。

油面筋塞肉

原料
猪肉泥 200 克
油面筋 15 个
鸡蛋 1 个
香葱 3 根
姜 15 克

调料
调馅用调料
生抽 1 茶匙
蚝油 1 茶匙
料酒 1 茶匙
干淀粉 1 茶匙

其他调料
香叶 2 片
大料 1 个
桂皮 1 小段
生抽 20 毫升
老抽 1/2 汤匙
冰糖 15 克
料酒 2 茶匙

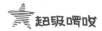
·猪肉泥选八分瘦两分肥的，口感比较好。
·油面筋戳洞时，要小心一点儿，不要戳漏了。另外，填馅时尽量
　多填些，不要留空隙。
·不喜欢太甜的，可根据自己的口味调整糖的用量。

做法步骤图

做法

1 香葱取一半切成末，一半切成段；姜一半切末，一半切丝；肉泥加葱末、姜末、鸡蛋、调馅用的所有调料（图1），
　用筷子搅拌至上劲，放入冰箱冷藏，静置20分钟。

2 用筷子将油面筋戳个小洞，并将筷子伸到面筋里面，轻轻搅一下，搅出空隙（图2）。然后把拌好的肉馅慢慢
　填进面筋里，填满（图3）。

3 锅中倒入油，中小火加热至油微热，放入桂皮、香叶、大料炒香，再放入葱段、姜丝（图4），然后将露肉那
　一面的面筋朝下放入锅中，煎至表面肉馅凝固。

4 锅中倒入生抽、老抽、冰糖、料酒、一些水（食材的一半多一点）（图5、图6），大火煮至面筋浮起，转中
　小火煮15分钟左右（图7）。

5 最后收干汤汁即可（图8）。

木耳蒸梅花肉

原料

猪梅花肉 500 克

木耳 150 克

胡萝卜 1 根

姜 1 小块

香葱 3 根

调料

蚝油 1 茶匙

生抽 1 汤匙

老抽 1 茶匙

料酒 1 汤匙

糖 1/3 茶匙

黑胡椒粉 1/4 茶匙

干淀粉 1 茶匙

- 梅花肉口感比较好，适合蒸、烤，在市场买肉的时候可以问问店家。
- 梅花肉用刀拍松后，更容易入口，最好不要省略。
- 还可以加入山药、芋头、土豆等淀粉类食材作为搭配的蔬菜，更好吃。
- 用这个方法来蒸鸡腿肉，味道也很好。

做法步骤图

做法

1 梅花肉洗净后用刀背将其敲松散（图1），切成一口大小的块；黑木耳泡发，择干净后撕成小朵；胡萝卜去皮，切一口大小的滚刀块；姜拍松；香葱洗净后打个结。

2 将切好的梅花肉放入容器中，加料酒、蚝油、姜、老抽、生抽、糖、黑胡椒粉、干淀粉、一点点食用油（图2），用手抓匀后，腌制30分钟。

3 梅花肉腌好后，放入木耳、胡萝卜、香葱结（图3、图4），放入蒸锅中（图5），大火蒸40分钟。

PART IV

海鲜水产

- delicious -

豉香皮皮虾

原料
皮皮虾 300 克　蒜 60 克
辣椒酥 30 克

调料

豆豉 15 克　　盐 1/3 茶匙

生抽 1 茶匙　　糖 1/4 茶匙

老抽 1/2 茶匙

 超级啰唆

· 蒜碎泡水,是为了去掉黏液,炸的时候不容易煳。

· 剪开皮皮虾的侧面更容易剥皮。

· 炸好的蒜碎,要快速平铺开,否则容易堆在一起温度升高会变煳。

· 皮皮虾的壳比较硬,要多炸一会儿。

做法

1　蒜剁碎,加水浸泡(图1),5分钟后捞出沥干水分。

2　皮皮虾洗净,剪掉虾脚,侧面用剪刀剪掉一个边(图2)。

3　锅中倒入油,加热至油六成热时放入蒜碎,炸成金黄色捞出(图3),平铺在厨房纸上。

4　当锅中油温升高时,放入擦干水分的皮皮虾(图4),炸至表面变脆,捞出,再次放入油锅中复炸一下,盛出。

5　锅中留点底油,放入豆豉炒香,放入皮皮虾、生抽、老抽、盐、糖(图5、图6),炒匀,最后放入炸好的蒜碎、辣椒酥即可(图7、图8)。

做法步骤图

干炒豇豆鱿鱼须

![超级唠叨]

· 收拾鱿鱼须时要有耐心, 慢慢将每一条须子上的外皮都撕掉,
  露出白白的肉。怕麻烦的, 也可以用鱿鱼筒, 切成条。

· 鱿鱼要先焯水, 把多余的水分去掉一些。如果直接下锅炒,
  会出很多水。

· 炒鱿鱼时, 最好用不粘锅, 而且油量稍微大一点, 炒至鱿鱼
  微微变干。

做法步骤图

原料

鱿鱼须 350 克　　豇豆 200 克
白洋葱 20 克　　红辣椒 80 克

调料

海鲜酱 1.5 茶匙　　生抽 1 茶匙
蚝油 2 茶匙　　　　白胡椒粉 2 克

做法

1 豇豆洗净，切小段；洋葱切粗丝；辣椒去籽，切粗条；鱿鱼须撕掉外面黑膜（图 1）。

2 鱿鱼须放入开水中焯一下，看到须子变弯，马上捞出，沥干水分（图 2）。

3 锅中倒入油（油量稍微多一点），加热至油微热时，放入鱿鱼须（图 3），大火不停地翻炒至鱿鱼表面微焦，水分彻底炒出，盛出备用。

4 锅中再倒入一点油，放入豇豆段（图 4），炒至表面变色、微软，将豇豆拨到锅边，下入洋葱丝继续炒香（图 5）。

5 接着放入海鲜酱、生抽、蚝油、鱿鱼须、白胡椒粉炒匀（图 6~图 8），最后放入红辣椒（图 9），翻炒均匀，盛出。

煎虾饼

原料
鲜虾 500 克
香菜 20 克
青柠半个
小米椒 2 个
蛋清 1 个

调料
盐 1/2 茶匙
白胡椒粉 1/4 茶匙
干淀粉 1 茶匙
鱼露 2 茶匙
面包糠适量

超级唠叨

- 蛋清要适量添加，如果鸡蛋很大，蛋清多，就少加点。
- 虾饼弹牙的口感，在于摔打的程度。要反复摔打，直至虾肉劲道、成团最好。
- 最好用新鲜的虾，这样味道才好。
- 如果是给孩子吃，可以不做最后的蘸汁，配番茄沙司吃。

做法步骤图

做法

1 虾去头尾、去壳，只留虾肉，用刀身将虾肉拍碎，剁成虾泥（图1）。香菜去掉叶子，只留梗，切碎。小米椒切小圈。

2 把切碎的香菜梗放入虾泥中（图2），加入蛋清、青柠汁（1/4 个青柠挤汁）、干淀粉、白胡椒粉、盐（图3），反复摔打上劲后冷藏15分钟。

3 取出冷藏好的虾泥，团成小饼状，每一个都粘满面包糠（图4）。

4 平底锅放入油，加热至油微热时放入虾饼，中小火煎至两面金黄色，虾肉成熟即可（图5）。

5 把剩余的青柠挤出汁，加入鱼露、小米椒圈，调成蘸料汁，搭配虾饼吃。

酱油水烧平鱼

原料
平鱼 4 条
蒜 4 瓣
姜 3 片
香葱 3 根

调料
海鲜酱油 50 毫升
蚝油 15 克
清水 50 毫升
大料 2 个
香叶 3 片

 **超级啰唆**

· 平鱼肉不是很厚，花刀不要切得过深。

· 如果有鱼汤或者海鲜汤的话，熬酱油水的时候用来代替清水，味道会更鲜美。

· 汤汁不要完全收干，稍微留一些，可以蘸鱼肉吃。

· 这个做法换成其他的鱼也好吃，但是要根据鱼的大小和多少适当调整调料的用量。

做法步骤图

做法

1 平鱼去掉内脏，冲洗干净，表面打一字形浅花刀（图1）。

2 将海鲜酱油、蚝油、蒜、大料、香叶、水放入锅中（图2），大火烧开后，转中小火煮3分钟左右，滤出杂质，只保留煮好的酱油水。

3 锅中倒入适量的油，放入香葱段、姜片，中小火，慢慢炸出香气（图3），放入平鱼单面煎2分钟（图4），加入煮好的酱油水（约30毫升，图5），大火煮开后，稍微收一下汤汁即可。

酱汁焖鱼

原料

鲴鱼 1000 克左右
洋葱半个
蒜 1 头
姜 4 片
胡萝卜 100 克
芹菜 100 克
鲜香菇 100 克
土豆 200 克
大葱 2 段
香叶 2 片
大料 2 个

调料

海鲜酱 30 克
豆瓣酱（不辣）25 克
番茄酱 30 克
辣椒酱 20 克
蚝油 8 克
生抽 20 毫升
料酒 15 毫升
白胡椒粉 1/4 茶匙
盐 1/4 茶匙
糖 1/3 茶匙

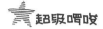超级啰嗦

- 建议用鲍鱼，刺少、肉多。如果不喜欢吃鱼，用其他肉类，如鸡翅、虾等都可以。
- 酱料不局限这几种，家里有什么就放什么，可能会有与众不同的好味道哦。
- 最好用砂锅、铸铁锅这种密封性好的锅来做这道菜。

做法步骤图

・**做法**・

1　将鲍鱼清洗干净后切成厚约 1.5 厘米的片，加料酒、盐、2 片姜、白胡椒粉，腌 30 分钟（图 1）。

2　胡萝卜、土豆、洋葱切等大的滚刀块；香菇一切四；芹菜切小段。

3　将海鲜酱、豆瓣酱、番茄酱、辣椒酱、蚝油、生抽、糖、水 15 毫升，放入碗中，调匀（图 2）。

4　锅中倒入少许油，爆香大料、香叶（图 3），再放入姜片、葱段、蒜瓣炒香后，加入土豆、胡萝卜、香菇、芹菜、洋葱，炒 1 分钟，盛出（图 4、图 5）。

5　砂锅底部铺上炒好的蔬菜，将腌好的鱼块平铺在蔬菜上（图 6），倒入调好的酱（图 7），盖好盖子，以中大火焖 20 分钟左右（图 8），鱼肉变熟即可。

椒盐鱿鱼

原料
鱿鱼筒 400 克
香菜 2 棵

调料
面粉 50 克
干淀粉 50 克
无铝泡打粉 2 克
油 2 茶匙
椒盐适量

**超级唠叨**

- 鱿鱼焯好水后一定记得要用厨房纸巾吸干表面水分。
- 干淀粉最好用土豆淀粉。
- 加泡打粉能让面糊更蓬松，不过最好选择无铝泡打粉，更安全。
- 判断油温时可以往油锅里放一小块面糊，若可以迅速浮起，就说明温度可以了。

做法步骤图

做法

1 鱿鱼筒去掉软骨，清洗干净，剥掉外皮。中间切一刀，将鱿鱼筒分成两片，在表面先斜切，再垂直切，切网格状花刀（图1），然后切成6厘米长的三角块。香菜只留香菜梗，切碎，备用。

2 开水锅中放入鱿鱼，稍微打卷后，马上捞出（图2），用厨房纸巾吸干表面水分（图3）。

3 将面粉、干淀粉、无铝泡打粉、水（110毫升左右）、油，调成面糊（图4），静置20分钟，让泡打粉起作用。

4 面糊中放入香菜碎调匀（图5）。鱿鱼一块一块地放入面糊中，均匀地裹上面糊（图6），放入七成热的油锅中，炸至表面泛黄即可捞出（图7），放在厨房纸上吸去多余的油分。

5 吃的时候撒上椒盐即可（图8）。

九层塔烧鲜虾

原 料
活虾 400 克
九层塔 3 棵
红葱头 2 个
小米椒 2 个
姜 2 片

调 料
生抽 2 茶匙
老抽 1 茶匙
糖 1/4 茶匙
白胡椒粉 1/4 茶匙
料酒 2 茶匙

· 如果可以的话，尽量买活虾，不要很大的，否则不容易入味。
· 虾带壳炒时比较吃油，油量应稍微大一些。
· 九层塔是罗勒的一个品种，红骨绿叶，味道清香。如果没有九层塔就用罗勒代替。

做法步骤图

做法

1 活虾剪掉虾脚、虾枪，开背去掉虾线（图1）。红葱头切片；小米椒切圈；九层塔将叶子择下来，洗净。

2 锅中倒入油，加热至油微热时放入姜片、葱片、小米椒圈（图2），炒香后放入虾，炒至虾变色、虾壳微微被油煸透（图3），然后放入料酒、生抽、老抽、糖、白胡椒粉（图4）。

3 将调料和食材炒匀后，放入九层塔（图5），炒3秒钟，出锅。

辣炒紫苏蛏子

原 料

蛏子 600 克
螺丝辣椒 1 根
香葱 2 根
蒜 2 瓣
紫苏 4 片
姜 2 片

调 料

豆豉辣酱 20 克
生抽 1 汤匙
红油 1 茶匙
料酒 1 茶匙
糖 1/2 茶匙
盐 1/4 茶匙

 **超级唠叨**

· 蛏子加盐颠几下后更容易将杂质吐出。

· 螺丝辣椒皮薄,辣味也比较浓郁,不过要注意的是,用的时候要去籽,不然会很辣。

· 紫苏的味道和海鲜比较搭,可以尝试一下哦。

做法步骤图

① ② ③ ④ ⑤

做法

1 蛏子放入容器中,加入一点盐,颠10多下,冲洗干净后,放入清水中,加一点盐,浸泡两小时左右(图1),冲洗干净,沥干水分备用。

2 姜切丝;葱切小段;蒜切片;辣椒去籽,切丝;紫苏切条。

3 煮一锅开水,放入蛏子,当蛏子开口后捞出(图2)。

4 锅中倒入适量油,放入姜、葱、蒜炒香后,加入螺丝辣椒丝炒至微微变软,放豆豉辣酱、糖、料酒、生抽、红油、盐、蛏子炒匀(图3、图4)。

5 最后撒入紫苏(图5),翻炒均匀即可。

秘汁烧大虾

原料

虾 600 克
红葱头 50 克
蒜 5 瓣
小米椒 3 根
柠檬半个（挤汁）

调料

生抽 1 茶匙
老抽 1 汤匙
唏汁 1 汤匙
鱼露 1 汤匙
糖 1 汤匙
黑胡椒碎 1/2 茶匙
白胡椒粉 1/3 茶匙

 超级唠叨

· 虾最好买中等偏大一些的，这种容易开背。

· 煎虾时要注意火候，两面煎成焦黄色就可以了。

· 唥汁可以在网上购买。

· 酱汁里有糖，所以不要直接倒入炒好的蒜片、葱丝中，要关火后
再倒入酱汁。

做法步骤图

做法

1 大虾剪掉虾枪、虾脚、虾须（图1），清洗干净后用刀在背部横着切入1/2处，去掉虾线。蒜切片；红葱头切
丝；小米椒切成小圈。将生抽、老抽、糖、唥汁、鱼露、柠檬汁调成酱汁备用。

2 平底锅中放入略多的油，将开好背的虾放入锅中，煎至两面金黄焦脆（图2），盛出。

3 锅中倒入少许油，中小火煸炒蒜片、葱丝、小米椒圈（图3），炒出香气后关火。

4 放入煎好的虾，再倒入调好的酱汁（图4），开火，翻炒至酱汁均匀地包裹在虾上。

5 最后撒黑胡椒碎和白胡椒粉即可（图5）。

烧鲅鱼

原 料
鲅鱼 700 克
姜 3 片
香葱 3 根
蒜 3 瓣
小米椒 2 根

调 料
盐 1/4 茶匙
豆豉 20 克
糖 6 克
白胡椒粉 1/4 茶匙
香醋 1 茶匙
生抽 1 汤匙
老抽 1 汤匙
啤酒 1 听
干淀粉适量

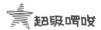
· 煎鲅鱼时，沾好干淀粉马上就放入锅中煎，沾一个，煎一个。如果都沾好干淀粉再煎，干淀粉就不干爽了。
· 用熬好的葱姜油煎鱼，能去腥增香。
· 鲅鱼本身腥气比较重，啤酒能很好地遮盖腥气。

做法步骤图

做法

1 鲅鱼切掉头部，顺着刀口掏出内脏，用流动的水多冲洗几遍。斜刀切成5厘米左右宽的大块，加入盐，腌15分钟（图1）。小米椒切小圈；蒜切片；香葱切段。

2 锅中倒入油，加热至油微热时，放入姜片、葱段、蒜片，小火煸至蒜片、葱段微焦（图2），盛出，留油。

3 鲅鱼逐块沾上干淀粉，放入做法2的油里，煎至表面金黄色（图3），盛出。

4 锅中留底油，放入豆豉炒香后，放入鱼块、小米椒（图4），加入煸好的姜片、葱段、蒜片（图5），倒入啤酒、生抽、老抽、糖、白胡椒粉（图6、图7），大火烧开后继续煮7~8分钟，收干汤汁（图8），最后淋香醋即可。

双鲜豆腐煲

原料
韧豆腐 1 盒
鲜贝 4 个
鲜虾 10 只
香葱 2 根
鸡蛋 1 个

调料
蚝油 1 茶匙
料酒 2 茶匙
生抽 1 茶匙
老抽 1/4 茶匙
水淀粉 2 茶匙
糖 1/4 茶匙
面粉适量
白胡椒粉 1/3 茶匙

超级啰嗦

- 鲜贝就是新鲜扇贝只保留贝柱部分，尽量买大一点的。
- 豆腐不建议换成北豆腐，口感不如韧豆腐嫩。韧豆腐在超市能买到。
- 豆腐一定要先裹蛋液，再蘸面粉，煎出来口感软嫩。如果锅小需要分次煎的话，尽量每煎好一锅，用厨房纸巾擦干净锅底，再倒油煎下一锅。
- 海鲜类的食材都可以放入，家里有什么就放什么吧。

做法步骤图

做法

1 豆腐切成2厘米见方的块，放入打散的蛋液中裹匀，再蘸满面粉（图1），放入锅中煎至两面金黄色（图2），盛出备用。鲜虾去壳后在背上划一刀，去掉虾线。香葱切段。

2 锅中加油，放入一半葱段炒香后，放入虾、鲜贝肉，炒至虾变色（图3），放入煎好的豆腐（图4），加入生抽、老抽、蚝油、糖、料酒、白胡椒粉（图5），再倒入一点水（约为所有食材的1/3，图6），大火煮2分钟。

3 最后淋入水淀粉（图7），大火收汁，撒葱段即可（图8）。

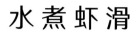

水煮虾滑

「扫一扫，
跟文怡学做菜」

原 料

虾 500 克

黄豆芽 80 克

小油菜 5 棵

香葱 2 根

姜 2 片

蒜 2 瓣

鸡蛋 1 个（取半个
蛋清）

调 料

麻辣味火锅底料 20 克

郫县豆瓣酱 30 克

干辣椒 5 克

花椒 4 克

半个鸡蛋的清

糖 1/4 茶匙

干淀粉 1 茶匙

生抽 2 茶匙

料酒 1 茶匙

盐 1/3 茶匙

超级唠叨

- 虾泥中不要加入过多的蛋清，加入码味的底料后，要用手反复摔打虾泥，这样有利于虾泥快速上劲儿。
- 配菜可以根据个人口味更换，如白菜、生菜、莴笋等。
- 麻辣味火锅底料需要慢慢炒出香味后再炒豆瓣酱。
- 虾丸可以用手的虎口挤出，也可以用勺子辅助完成。用小勺子挖一勺虾泥，手中沾少许水，往前一拨就可以了。

做法步骤图

做法

1 虾去壳留肉，剁成虾泥；黄豆芽掐掉老根；小油菜去根，掰成小片；葱、姜、蒜分别切末。

2 虾泥中加入料酒、盐、蛋清、干淀粉，搅匀后用手反复摔打至上劲儿、光滑（图1、图2）。

3 黄豆芽、小油菜放入开水中焯熟（图3），先放入黄豆芽煮3分钟，再放入油菜煮2分钟，捞出。

4 锅中倒入适量油，加热至油微热后放入火锅底料，中小火炒香后放入豆瓣酱，小火炒出红油后，放入葱、姜、蒜末炒香（图4），加入适量水、生抽、糖（图5），大火煮开，依次下入用勺子挖好的虾丸（图6），煮至虾丸完全变红，放入焯熟的黄豆芽、小油菜。

5 另取一锅，加入20毫升热油，下入干辣椒、花椒熬出香味（图7），一起浇入虾滑中（图8）即可。

酸辣嘎鱼

原料

嘎鱼 500 克
各种泡椒 80 克
泡仔姜 30 克
四川酸菜 200 克
魔芋结 70 克
金针菇 70 克
香葱 2 根
蒜 3 瓣

调料

生抽 2 茶匙
白胡椒粉 1/4 茶匙
泡椒水

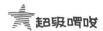
· 嘎鱼，学名黄颡鱼，又叫黄辣丁，肉质细嫩，容易熟。买鱼时请店家收拾干净，回家里外冲洗干净即可。
· 农贸市场有专门卖泡菜的摊位，各种泡椒都买一点（二荆条、野山椒、小米椒等），再让摊主盛一些泡椒水，做菜时放进去。
· 这个汤吃不完可以冷冻起来，下次解冻后，下一点面条或加些酸菜煮一下，汤汁拌米饭很下饭。

做法步骤图

做法

1 将嘎鱼清洗干净；泡椒、泡仔姜切碎；酸菜切粗丝；金针菇切掉根部，分成几小束；葱、蒜切末（图1）。

2 锅中倒入油，加热至油温微热时，放入葱、蒜末炒香，接着放入泡椒碎、泡仔姜碎，继续炒出香味（图2），然后放入酸菜丝，炒1分钟（图3）。

3 倒入1升水、泡椒水（图4），大火煮开，加入生抽、白胡椒粉（图5），放入魔芋结煮6分钟后放入嘎鱼（图6、图7），煮5~6分钟。

4 最后放入金针菇再煮2分钟（图8）即可。

蒜蓉胡椒虾球

「扫一扫，跟文怡学做菜」

原料

鲜虾 400 克

蒜 1 头

调料

黑胡椒粒 5 克

白胡椒粒 5 克

现磨黑胡椒碎 1/3 茶匙

料酒 1 汤匙

生抽 2 茶匙

糖 1 茶匙

老抽 1/4 茶匙

超级嘚啵

- 最好买活虾，口感比较好。
- 爆炒虾的时候，一定要用大火不断翻炒。不要在虾肉刚刚变色时就盛出，炒3分钟左右，虾尾的壳变脆时再盛出。
- 蒜的量要大一点，使虾味更香浓。
- 现磨黑胡椒碎和胡椒粒混合，会让胡椒味道更有层次。

做法步骤图

做法

1 鲜虾去头、去壳，只留虾尾部分，用刀尖在虾的背部切开1/2，去掉虾线（图1）。蒜捣成蒜蓉。

2 锅中倒入稍微多一点的油，加热至油热后，放入处理好的虾，保持大火炒至虾尾变脆，虾身的边缘有点微微焦的状态（图2），盛出。

3 另起一只锅，倒入油，加热至油热后，放入黑胡椒粒、白胡椒粒、蒜蓉（图3），中火炒香后，放入炒好的虾（图4），倒入生抽、老抽、料酒、糖、现磨黑胡椒碎（图5），炒匀即可。

香 辣 花 螺

扫一扫,
跟文怡学做菜

原料

花螺 700 克
香葱 2 根
姜 2 片
蒜 4 瓣
小米椒 3 根

调料

郫县豆瓣酱 20 克
生抽 1 汤匙
老抽 1 茶匙
糖 1 茶匙
香醋 1 茶匙
料酒 1 茶匙
水淀粉 2 茶匙

★ **超级唠叨**

- 买回来的花螺放入清水中反复多次搓洗，每次倒入清水前注意把容器底的杂质去除。
- 花螺提前焯水是为了更好地让螺肉与壳分离，后面加少许水煮会更好地让螺肉入味。
- 炒豆瓣酱时要注意用中小火，避免炒糊。
- 不要加太多水煮花螺，避免味道寡淡。

做法步骤图

做法

1. 花螺放入清水中反复搓洗，滤去沉入容器底部的杂质。香葱切小段；姜片切丝；蒜切片；小米椒切小圈。
2. 烧一锅水，水开后放入清洗干净的花螺，水开后再煮2分钟左右捞出（图1）。
3. 炒锅中放入底油，加热至油微热时放入葱段、姜丝、蒜片、小米椒圈炒出香味后（图2），下入豆瓣酱用中小火炒出红油，放入花螺（图3），翻炒至豆瓣酱均匀地包裹在花螺上。
4. 往锅里分别放入料酒、生抽、老抽、糖（图4），炒匀后加入少许水（能没过花螺即可），大火烧开后，调成中火煮3分钟。
5. 淋入水淀粉（图5），收汤汁，临出锅前放入香醋即可。

香 辣 鱼 杂

原 料

鱼杂 600 克
香葱 2 根
姜 2 片
蒜 4 瓣
青椒 1 个
红椒 1 个

调 料

干辣椒 6 克
豆豉 8 克
花椒 3 克
郫县豆瓣酱 20 克
盐 1/4 茶匙
糖 1/2 茶匙
料酒 1 茶匙
生抽 1 汤匙
老抽 1 茶匙
香醋 1 茶匙
白胡椒粉 1/4 茶匙

· 市场里商贩有时将鱼子和鱼鳔之类的一起售卖，放在一起做挺好吃的。这个方法也可以只选用鱼子。
· 干辣椒容易炒煳，所以放香料的时候最后放。
· 可以留一些汤汁，就着米饭吃很香。
· 香醋容易挥发，所以临出锅时再放入。

做法步骤图

做法

1 鱼杂洗净，去除杂质；干辣椒用手掰成小段；葱切成段；青、红椒去蒂、去籽，切成片。

2 锅中倒入油，加热至油微热时放入葱段、姜片、蒜瓣炒香后，放入花椒、干辣椒段小火炒香（图1），加入豆瓣酱（图2），炒出红油后加入豆豉炒香，接着放入鱼杂，加入水、生抽、老抽、糖、盐、料酒、白胡椒粉（图3），大火煮开后，转中小火煮20分钟（图4）。

3 最后转大火收汤汁，加入青、红椒片（图5），淋入香醋即可。

响 油 鳝 糊

原 料

黄鳝 500 克
（划好丝或条）
蒜 5 瓣
姜 1 块
香葱 4 根

调 料

盐 1/4 茶匙
糖 1/4 茶匙
陈醋 18 毫升
料酒 20 毫升
生抽 2 茶匙
老抽 1/2 茶匙
白胡椒粉 3 克
水淀粉 1 汤匙

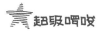
超级唠叨

- 黄鳝最好买小指粗细的。买的时候请店家去骨、划丝，每条划个三四道。买回来后，多用流水冲洗几遍。
- 做法 3 中，如果刚好有鸡汤，最好用鸡汤代替水。
- 加入水淀粉后将汤汁收成糊状，汤汁不要过多，也不能完全没有。
- 白胡椒粉的量根据自己的口味酌情增减，不建议减量。
- 香油和普通食用油混合烧热后浇在鳝丝上味道更香。

做法步骤图

做法

1 将划好丝的黄鳝冲洗干净，去掉内脏，切段（大概中指长短）。葱一半切段，一半切末；姜一半切片，一半切末；蒜切末。

2 锅中加入清水，加料酒（15 毫升）、陈醋（15 毫升）、葱段、姜片烧开，放入鳝丝焯一下（图 1），捞出，沥干水分。

3 锅中倒入油，加热至油微热时，放入葱、姜末爆香（图 2），加入水（即将没过鳝丝即可）、料酒、盐、糖、陈醋、生抽、老抽，煮开后，继续煮 2 分钟，然后放入鳝丝煮 3 分钟，倒入水淀粉（图 3），煮至带点汤汁的糊状。

4 将做好的鳝鱼盛入容器中，中间扒开个窝，放入蒜末、白胡椒粉 2 克（图 4）。

5 锅中加 15 毫升油、5 毫升香油，烧至六成热，有白烟冒出时，立刻浇在蒜末、鳝鱼上（图 5），再撒上剩余的白胡椒粉即可。

雪菜煮小黄花鱼

原 料
小黄花鱼 600 克
雪菜 150 克
香葱 5 根
蒜 5 瓣
姜 3 片

调 料
盐 1/2 茶匙
料酒 3 茶匙
糖 1/4 茶匙

- 雪菜就是雪里蕻，比较咸，一定要先洗两遍，再焯水。
- 小黄花鱼很嫩，煎的时候最好用不粘锅，否则很容易散掉。
- 黄花鱼本身肉质细嫩，煎后还要煮，所以不要煎得太老。
- 这是一道汤菜，根据自己的喜好保留汤汁。单独煮好面条，再下到汤里，就是鲜美的黄鱼雪菜面啦。

做法步骤图

做法

1 香葱切段。小黄花鱼去内脏洗净后，浅浅地切一字刀，加入盐（1/4 茶匙）、糖、料酒（1 茶匙）、姜片（2片）、葱段（一半量），腌 15 分钟（图 1）。

2 雪菜清洗两遍，放入开水中焯水，再次煮开就可以捞出，切成小段，放入锅中干煸后备用（图 2）。

3 锅中倒入油，加热至微热时放入姜片、葱段、蒜瓣（图 3），中小火煸出香味后捞出姜、葱、蒜，保留油。

4 腌好的鱼用厨房纸巾擦干，放入锅中，中火煎至两面金黄（图 4）。

5 加入雪菜、煸好盛出的葱姜蒜、水、料酒、盐、糖（图 5），大火煮开后，中火煮 7~8 分钟，最后大火略微收一点汤汁即可。

油爆虾

「扫一扫,
跟文怡学做菜」

原 料
小河虾 / 小海虾 450 克
香葱 2 根
姜 4 片

调料

生抽 30 毫升　　老抽 10 毫升

料酒 25 毫升　　糖 35 克

香醋 5 毫升

★ 超级唠叨

· 小海虾颜色发白，河虾颜色发青黑。河虾不要买太小的。如果家里有老人、孩子，建议把虾枪、虾须剪掉，以免吃的时候扎到嘴。

· 炸虾前，一定要用厨房纸巾反复吸干净虾表面的水分，否则入油锅会炸锅。

· 虾炸至虾头和虾身的连接处微微裂开即可。

· 炒汤汁时，要充分炒匀，不然上色不均。

做法

1 虾洗净，用厨房纸巾将表面的水分完全吸干（图1）。葱、姜切末，备用。

2 锅中倒入油（约750毫升），大火烧至微微冒青烟，调成中火，放入虾，炸约1分钟，虾表面呈金黄色（图2），捞出，沥干油。

3 锅中倒入一点油，开中小火，放入葱姜末（图3），炒出香味后加入糖、生抽、老抽、料酒、水（约75毫升，图4~图6），大火烧开，用勺子不停地在锅中划圈，使调料充分融合，放入炸好的虾（图7），迅速翻炒均匀。

4 最后烹入香醋即可（图8）。

做法步骤图

鱼香鱼柳

原料

龙利鱼 500 克

泡辣椒（红的）30 克

柠檬 1 个

姜 3 片

香葱 3 根

蒜 3 瓣

鸡蛋 2 个

玉米淀粉适量

调料

盐 1/2 茶匙

料酒 2 茶匙

生抽 2 茶匙

老抽 1 茶匙

糖 1 汤匙

香醋 1.5 汤匙

水淀粉 1 汤匙

· 龙利鱼最好常温解冻，实在来不及，可以泡在凉水中解冻。
· 龙利鱼容易散，煎的时候要小火慢慢煎。
· 糖和醋的比例可以根据个人的口味适当调整。

做法步骤图

做法

1 香葱一半切段，一半切末；姜取一半切末；蒜切末。鱼肉解冻后纵向切开，切成大块，加入盐（1.5克）、姜片、
   葱段、料酒（1茶匙）、柠檬汁（柠檬对切后取半个挤汁），腌20分钟（图1）。泡辣椒剁碎，滗掉多余的汤汁。
2 腌好的鱼片加入打散的蛋液拌匀，然后逐片拍一层薄薄的玉米淀粉（图2、图3）。
3 锅中倒入油，加热至油微热时放入鱼片，煎至两面金黄色盛出（图4）。
4 锅中倒入油，加热至油微热时放入泡辣椒碎、葱末、姜末、蒜末（图5），炒香后倒入料酒（1茶匙）、
   生抽、老抽、盐（1.5克）、糖、香醋炒匀（图6），放入鱼片（图7），翻炒至鱼片均匀裹上汤汁后淋
   入水淀粉即可（图8）。

是不是意犹未尽？
扫一扫，
获取更多美味菜谱

文怡之选　　文怡家常菜　　文怡新浪微博

扫扫二维码
吃喝乐生活